健 HEALTH 康

变身！生活超人

学习树研究发展总部 编著

中国轻工业出版社

图书在版编目（CIP）数据

变身！生活超人 / 学习树研究发展总部编著. —北京：中国轻工业出版社，2018.7

ISBN 978-7-5184-1903-6

Ⅰ. ① 变… Ⅱ. ① 学… Ⅲ. ① 安全教育 - 儿童读物 Ⅳ. ① X956-49

中国版本图书馆CIP数据核字（2018）第048687号

责任编辑：张　靓　　责任终审：劳国强　　封面设计：锋尚设计
版式设计：锋尚设计　　责任校对：晋　洁　　责任监印：张　可

出版发行：中国轻工业出版社（北京东长安街6号，邮编：100740）
印　　刷：北京富诚彩色印刷有限公司
经　　销：各地新华书店
版　　次：2018年7月第1版第1次印刷
开　　本：787×1092　1/16　印张：7
字　　数：100千字
书　　号：ISBN 978-7-5184-1903-6　定价：48.00元
邮购电话：010-65241695
发行电话：010-85119835　传真：85113293
网　　址：http://www.chlip.com.cn
Email：club@chlip.com.cn
如发现图书残缺请与我社邮购联系调换
170264E1X101ZYW

给孩子的话

世界真奇妙，等你来探索！

在这个发展迅速、全球人文共融的世界中，我们常常有许多的疑问，但却不知道该去哪里找寻解答。本系列书就是希望借由生活中观察到的人、事、物，以轻松阅读的方式，让我们知道平常在学校所学到的，其实是可以跟我们的生活密切结合的。你我其实就跟书中的主人翁“小伍”与“小岚”一样，借由在生活中的提问，而找寻到许许多多除了答案以外更有价值的事物，成为我们的养分，使我们茁壮成长。

亲爱的小朋友，你们是这个世界的未来，我们平日在学校所学习的知识，不仅是为了考试的需求，更该应用在我们的生活中，成为身上带不走的技能。因此，我们需要开拓我们的视野，看见世界的美好。就让我们一起进入有趣故事，跟着“小伍”与“小岚”，探索奇妙的世界吧！

审订序

为学习注动力、替健康加满分！

开学不久，许多孩子可能已经开始对学校课本感到无聊，其中一个很重要的原因是，课本的内容已经无法满足他们求知的渴望了。我们深知孩子的心中都有千万个“为什么”，而这份好奇心，正是他们学习的动力。因此，本人在接获五南出版社邀请为本系列书审订时，特别要求书中内容必须结合学校课程，延伸学生学习，除了图文并茂，还需科学性与趣味性兼具，以期本书能成为孩子们在课本之外，爱不释手的好书！

本书内容以生活安全为重点，指导孩子分辨日常生活情境的安全性，同时让孩子学习面对危险和紧急情况的处理方法，还讨论了药物对身体的影响与正确使用方法。期待透过书中生活化的举例说明，让孩子同时具备预防与处理的能力，提升自我和亲人的生活安全保障。

台北市国民教育辅导团健康与体育领域辅导员
台北市105学年度优良教师得主

卓家意

使用方法

本书提供给孩子课本以外的学习内容，并搭配教学大纲辅助，可跟学校课程相结合。

超可爱的插图　　有趣的漫画：轻松得到解答　　简单易读的文字

学习重点　说明并演练促进个人及他人安全生活的方法。

在学校里，小朋友常常会开别人玩笑，觉得很有趣，虽然没有恶意，有时却会造成无法想象的后果。

最常见的危险玩笑是“抽椅子”。在别人坐下的那一刻把椅子抽开，让他突然跌坐在地上，露出困惑的模样好像很有趣，实际上却可能让摔倒的人腰背挫伤、脊椎骨受伤，严重时，甚至从此半身瘫痪，连大小便都不能自己控制。有一些人则会将尖锐物黏在座位上，等别人坐下来，顶到剪刀、笔或尖针而吓得跳起来，再嘲笑他一番。但若尖锐物刺进肛门，戳破直肠，可就得紧急送医了。

不管是言语羞辱还是肢体伤害，带有恶意的行为就不只是开玩笑，而是“霸凌”了。校园霸凌常常让许多学生笼罩在阴影里头，排斥上学。

050 / 变身！生活超人

无伤大雅的玩笑可以拉近同学间的距离，创造有趣的回忆。可是如果玩笑开得太过头，使别人受伤，那大家可就笑不出来了。

屁股痛死了！

在开玩笑之前，要先想到这件事情有没有可能造成无法挽回的后果。如果是危险的玩笑，就该适可而止，以免让自己成为加害者。

什么样的危险玩笑不可以开？ / 051

有趣的知识补充　　需特别注意的事项

哇！好丰富的内容！
我也很想看哦！

目录
CONTENTS

跑步后喘不上气怎么办？

学习重点 思考并演练处理危险和紧急情况的方法。

在运动场上奔跑、玩耍，是最让人开心的一件事了，但是运动完后除了全身发热、满头大汗之外，有时还会有种喘不上气的感觉，这个时候应该怎么办呢？

当感到喘不上气时，要先判断是不是自己呼吸得太快。如果是的话，就试着放慢呼吸速度并缓慢行走，让心脏好好调适之后再坐下来休息。但如果喘不上气的状况一直没有改善，或是心脏感到疼痛，就要赶快向其他人求助。

有气喘的小朋友可以选择一些低强度的有氧运动，例如：游泳、快走、慢跑、体操、骑脚踏车等。

本身有气喘疾病的小朋友，要记得在进行运动前先告诉老师，千万不要逞强！

如果运动后明显感到身体不舒服，一定要告诉老师、同学，不要因为怕丢脸而继续逞强！

为什么游泳前要先做热身运动？

学习重点 说明并演练预防运动伤害的方法。

艳阳高照的夏天，小岚最期待的就是游泳课了！第一节游泳课时，她一换好泳衣就马上跳进游泳池里，完全没注意到老师正在带其他同学做热身操。没想到小岚突然发出哀号，一脸痛苦的样子，还说她的脚“动不了了”，这是怎么回事呢？

原来是因为她没有做热身运动就下水，使得小腿抽筋了！当肌肉受到冷水的刺激，就会突然收缩，造成疼

在水中抽筋时可以用手将抽筋的脚掌向上压，让疼痛感渐渐消失，如果一直无法改善，就要赶快大声呼救。

痛。所以小朋友在下水前要先做热身运动并充分拉筋，让肌肉能先伸展开并增进血液循环，这样在碰到冷水时，就不会因为一时无法适应低温而抽筋了！

下水前除了做热身运动，还可以先用冷水冲淋身体，这样就能更快适应低温并避免抽筋了。

为什么不能在走廊奔跑？

学习重点 分辨日常生活情境的安全性。

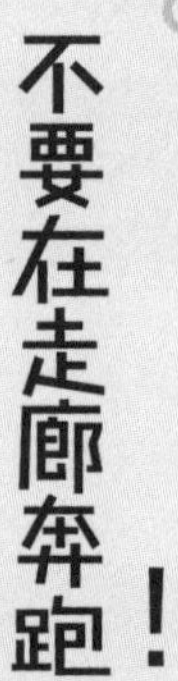

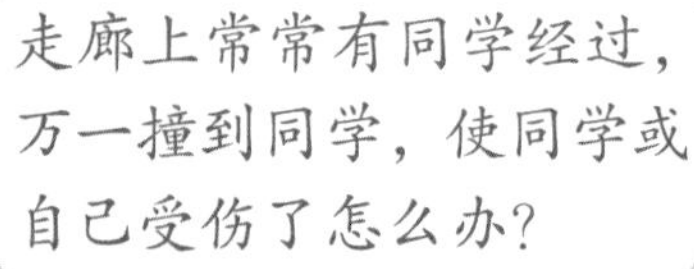

学校里有很多给小朋友玩乐的空间，但是走廊、楼梯间和教室内，是绝对不能打打闹闹的。

这样才能避免危险发生喔！

许多学校的走廊地板表面都很粗糙，不小心摩擦到都可能破皮、流血，更何况是大力撞击到呢？

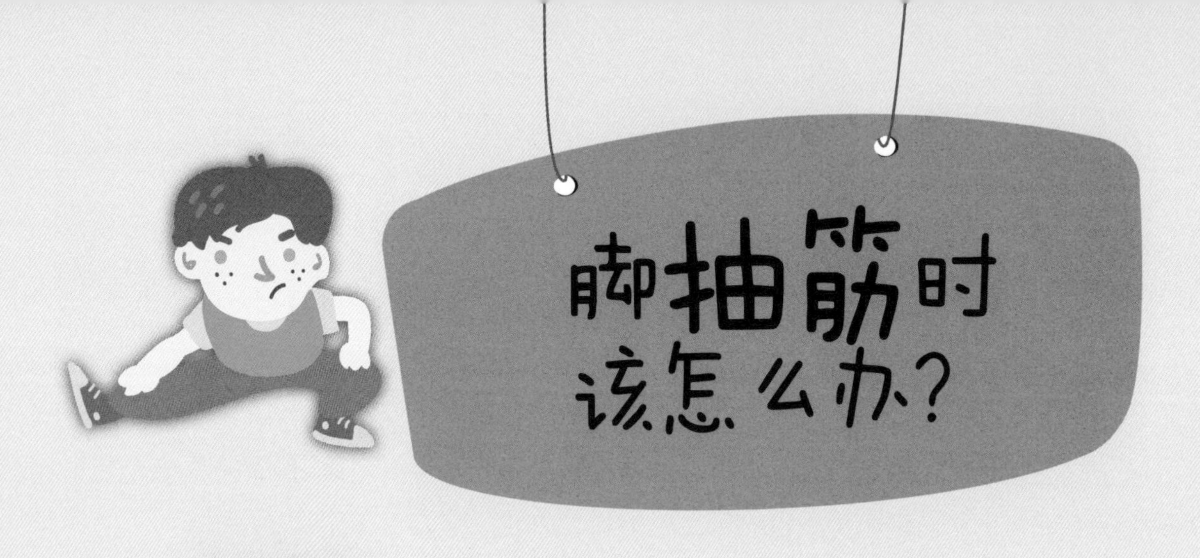

学习重点　思考并演练处理危机和紧急情况的方法。

有时我们在跑步、打篮球、游泳，或做其他运动的时候，小腿会突然感觉到一阵抽痛，好像有人把神经紧紧揪住一样，让人痛得受不了。这时旁边的人可能会问你:“是不是脚抽筋了?”

所谓的抽筋，是指小腿上负责运动的肌肉，受到某些刺激而产生立即性的收缩或痉挛。没有做足热身运动就进行剧烈运动、运动过度或天气冷的时候都可

钙质会影响肌肉的松弛和收缩，所以多补充钙质可降低抽筋发生的频率。

能会抽筋。

抽筋的时候，可以先将腿部伸直，再用手把脚掌往上压，以便拉长小腿的肌肉，使肌肉恢复原来的状态。复原之后，记得回想一下刚刚是否做了什么不正确的姿势，要注意不做同样的姿势，才能避免再度抽筋喔！

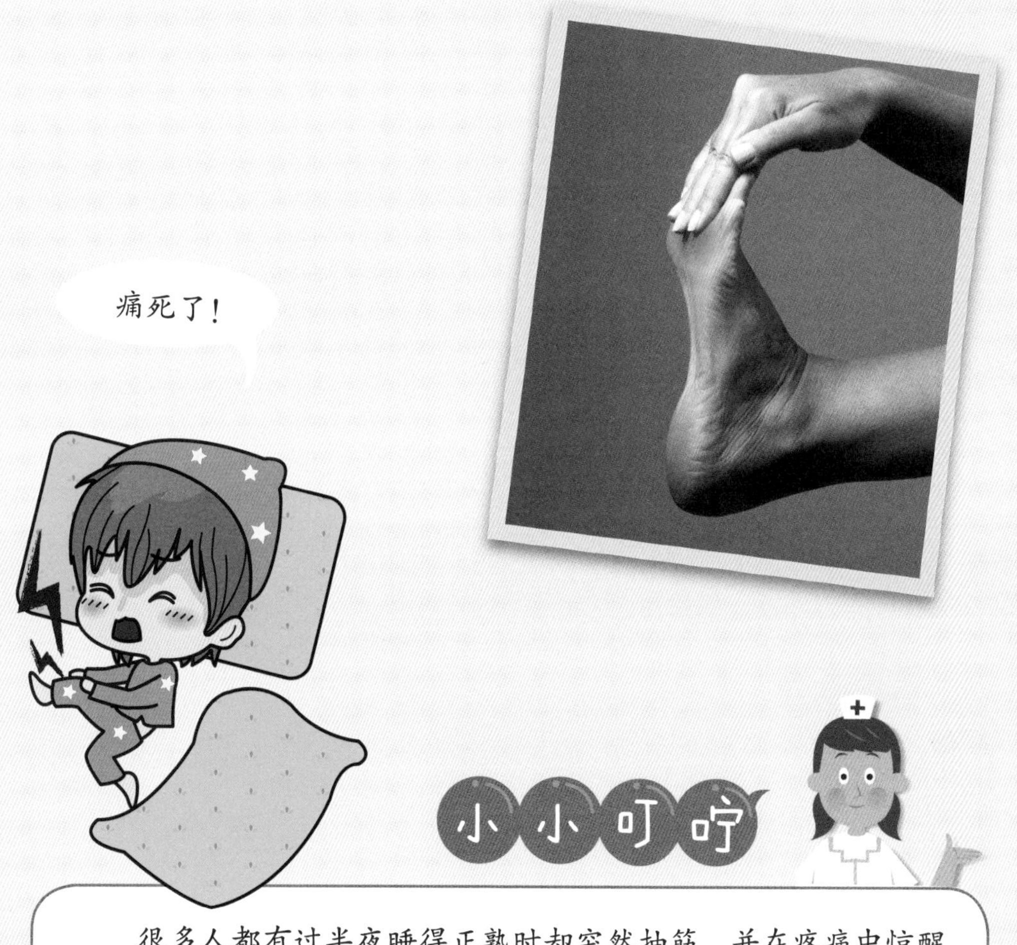

小小叮咛

很多人都有过半夜睡得正熟时却突然抽筋，并在疼痛中惊醒的经历。这时不要急着站起来，只要冷静伸展小腿肌肉，就能缓解疼痛。

剧烈运动后可以立刻坐下吗？

学习重点　说明并演练预防运动伤害的方法。

体育课时大家都跑得气喘吁吁、汗流浃背的，小伍坐下来休息之后，脸上却突然浮现出很不舒服的表情。这是怎么了呢？

剧烈运动之后立刻坐下休息，不仅无法恢复体力，反而还会增加身体的负担。在运动的时候，骨骼与肌肉的激烈运作会消耗大量的能量，这些能量得靠布满全身

无论是运动前、运动中或运动后，都要补充水分，喝水可以帮助我们稳定体温、避免中暑，甚至能提升运动效果。

的血管输送，因此心脏会扑通扑通的快速跳动，好让血液能够完成任务。

然而，如果感觉到喘了、累了就坐下休息，会让代谢废物的血液循环速度变慢，造成能量无法顺利地补充到身体各处，甚至有两眼昏花或头晕的现象。

剧烈运动后应该要继续“动”，但不是做会让你更累的动作，而是伸展肌肉，放松地踏步或慢走5分钟，以便让身体调整呼吸和心跳。

坐姿不良会有什么问题？

学习重点　说明并演练促进个人及他人生活安全的方法。

腰部跟背部应该放松，用下腹部的力量支撑身体，上半身与地面垂直，腿部则呈90度弯曲，这才是正确的坐姿。

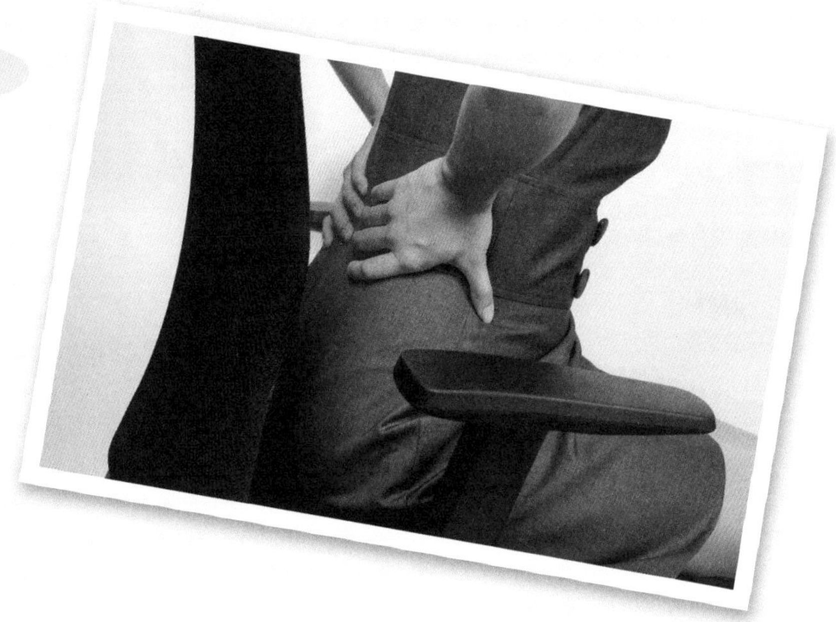

坐在地板上时，
盘腿坐会比较好！

正常的脊椎骨大概长成这样：胸椎后弯，腰椎前弯，从背面看来是一直线，并连结着上端等高的双肩，与底下等高的骨盆。

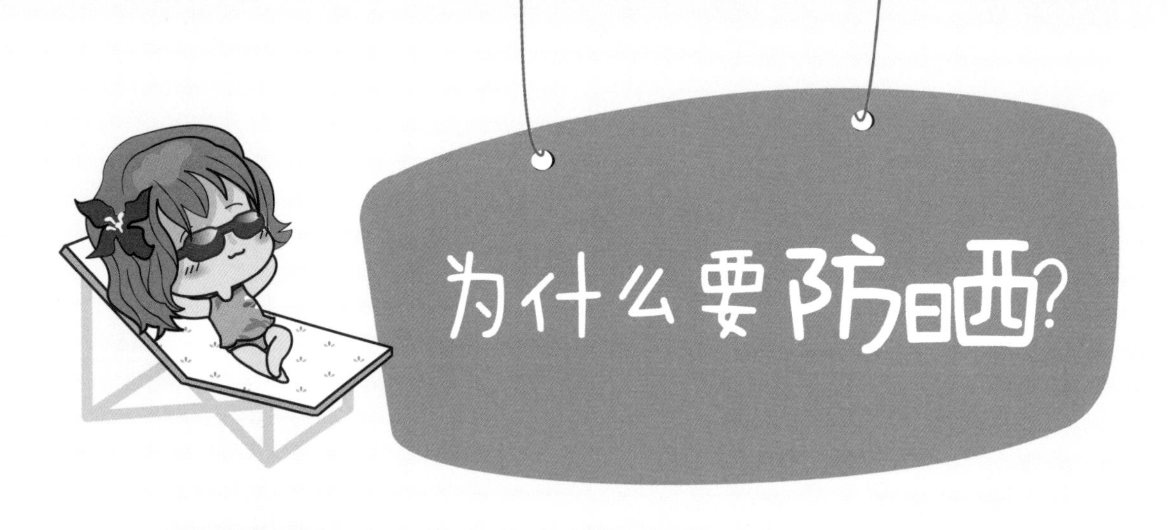

学习重点　分辨日常生活情境的安全性。

气温多变的春天一过，阳光普照的夏天就来了。好多人都喜欢在夏天时出门郊游、玩水，但是小朋友们有没有发现，每次在阳光底下待太久，皮肤都会感到刺痛，这是为什么呢?

因为阳光中有大量的紫外线及红外线，紫外线会把皮肤晒红、晒伤，甚至会使皮肤老化，产生癌细胞；而红外线则会造成微血管扩张，并加强紫外线造成的致癌

一般人认为阴天或是在室内时，因为看不到太阳，所以不用防晒，这其实是不正确的。因为光线有散射与折射作用，所以不论是晴天或雨天，室内或室外，紫外线都无所不在。

效果。防晒产品能保护皮肤，降低阳光的“攻击”，所以在大太阳底下一定要防晒。

如果从小就养成习惯，还可以让皮肤癌发生的几率降低百分之五十以上。所以小朋友不要觉得大人一直要你擦防晒乳、穿长袖、撑阳伞很唠叨，这些可都是对抗阳光必要的准备！

小小叮咛

长时间曝晒在太阳下，应该要每隔 3 小时就擦一次防晒乳，并选用高系数的防晒品，游泳时也别忘了使用防水性的防晒产品！

学习重点　思考并演练处理危险和紧急情况的方法。

炎炎夏日，太阳高挂在天空，只要稍微活动一下，立刻就汗如雨下，所以大家都躲在家里不出门，只有贪玩的小伍还是在室外玩耍。玩到一半时，小伍突然感到一阵晕眩，全身无力，接着便失去了意识，昏倒在地。路人看到后大吃一惊，急忙把他送往医院。

其实，小伍并不是生了什么病，而是中暑。碰到中暑而昏迷的人，要先将他移到阴凉的地方，再用湿毛

中暑是因为气温过高，让身体没有办法即时调节，导致体温变得越来越高，最后产生像小伍那样的症状。

巾擦拭身体以降低体温。等到患者清醒了，再给他喝加少许盐的冷开水，这样才能补充身体内的水分，避免脱水症状。所以炎热高温的天气，还是别在大太阳底下玩耍，免得像小伍一样被“晒昏头”喽！

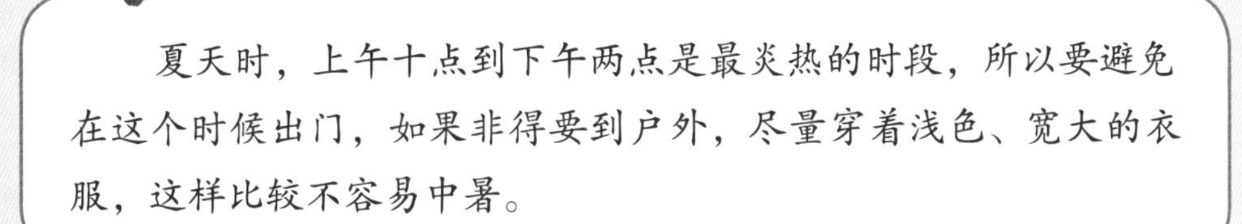

夏天时，上午十点到下午两点是最炎热的时段，所以要避免在这个时候出门，如果非得要到户外，尽量穿着浅色、宽大的衣服，这样比较不容易中暑。

学习重点　思考并演练处理危险和紧急情况的方法。

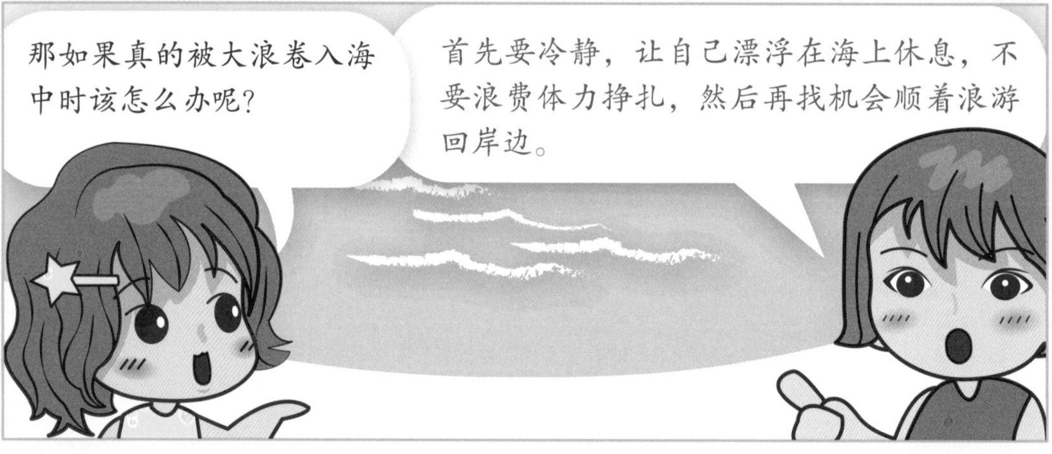

大海潜藏的危机很多，许多人往往因为疏忽而丧命，但这不代表去海边游玩不好。

只要我们有判断危险的观察力，以及冷静处理危险的能力，就能安心在海边游玩！

当台风来袭或天气状况较差时，海边特别容易卷起大浪，这些大浪往往高达好几米，甚至可以卷走在岸上观浪的人。

溺水了该怎么办？

学习重点　思考并演练处理危险和紧急情况的方法。

“出海口有五人遭海浪卷走，今日寻获遗体，家属伤心痛哭……”每当看到这样的新闻，都会感到很难过。可是只要有足够的事前准备与应变能力，这类悲剧其实是能避免的。

我们在游泳前要先观察是否有救生员巡逻，也一定要充分热身。如果真的不小心溺水了，记得保持冷

将溺水者救上岸并确认无意识、无呼吸后，要赶快进行心肺复苏术急救，而不是用压肚子的方式将水压出来。

静，试着用水母漂浮在水面上并抬头换气，以争取救生时间。

如果看到有人溺水了，要先大声呼救、拨打119或110报警，并及时联系120急救，千万不要贸然跳下水救援，因为不是专业救生员的话，很容易就被溺水的人一起拖下水！

在戏水前应有充分的准备，最基本的是选择安全水域，勿在设有警告标志牌的危险水域玩水，也应该评估自己的身体状况是否可以承受水上运动。

什么是心肺复苏术？

学习重点 说明并演练促进个人及他人安全生活的方法。

小岚和妈妈在晚饭后看起了电视剧，剧中女主角在水里呼救结果逐渐没了声音，此时男主角跳进水里，将溺水的女主角救起，并露出一脸紧张的表情，仿佛在告诉观众：“她需要急救！”

接着他开始执行“心肺复苏术”，在完成多次胸部按压与口对口吹气的步骤之后，女主角奇迹般地吐出一

胸部按压的位置在乳头连线的正中央，姿势是双手交叠，掌根施力，深度至少 4 厘米，速度每分钟 100 次；人工呼吸时要捏住鼻子，每吹气 2 次就按压 30 次，直到伤患恢复意识。

口水，并恢复呼吸与心跳。

这类剧情大家都很熟悉，可是对于心肺复苏术的原理却不大理解，反而开玩笑地将它视为亲昵的举动。事实上，心肺复苏术是重要的急救方法，胸部按压是为了维持心脏跳动，并恢复血液循环，口对口吹气则是替伤患输入氧气。

心肺复苏术虽然能救人一命，但如果动作不正确，反而会让患者受到多余的伤害，例如：肋骨断裂等。所以一定要在确实学习并多次练习心肺复苏术后，才能实际运用！

看起来平静的溪水有什么危险？

学习重点　分辨日常生活情境的安全性。

小知识

我国地形复杂，部分地区气候干湿分明，所以干季的时候只有涓涓细流，雨季时却会变得湍急。

为什么会突发性耳聋？

学习重点 说明并演练促进个人及他人安全生活的方法。

过年时，很多地区都禁止燃放烟花爆竹了，因为这类爆竹其实是很危险的。爆竹的爆炸威力不小，不仅容易造成眼睛及身体的伤害，巨大声响也会让耳膜受伤，引起突发性耳聋。

人受到精神上的刺激或者工作过度疲劳时，也会引起生理机能失调，造成内耳血液供给不足，以至于暂时听不见声音。另外，头部遭到撞击，感染传染病等也有

耳朵里面有个半规管可以帮助身体保持平衡，所以耳朵除了是听觉器官外，也是身体很重要的平衡器官。

可能造成突发性耳聋。

突发性耳聋病情有轻有重，除了会降低听力，还会造成耳鸣，甚至引起晕眩或呕吐。大部分的突发性耳聋不需要治疗便可自然康复，可是如果症状持续很久，还是要去看医生的！

小小叮咛

耳朵是很脆弱的，不要随便用器具挖耳朵，以免不慎弄破耳膜！

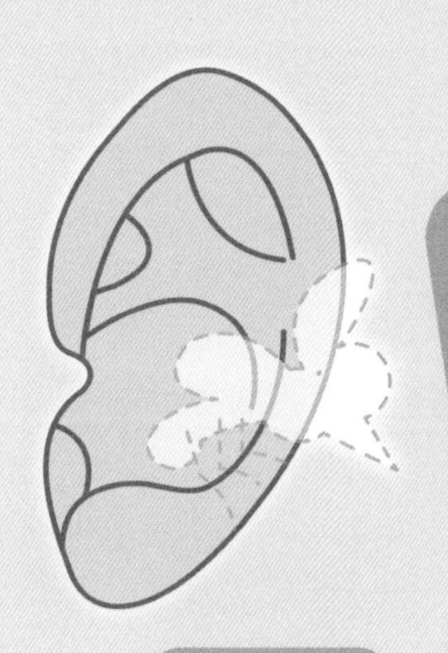

耳鸣该怎么办？

学习重点 思考并演练促进个人及他人生活安全的方法。

“嗡嗡嗡——”，奇怪，明明没有蚊子飞过去，怎么会一直听到这个声音呢？问了旁边的朋友他却说没听见，难道是幻听了吗？

这种情况不是幻听，而是耳鸣了！如果撞伤了头，或是耳朵里有异物，就会使听觉神经受到影响，而让人听到“嗡嗡嗡”的声音，有时候还会伴随着耳胀、耳痛等现象。耳鸣通常都是突发性的、短暂的，隔一阵子就

耳鸣有各式各样的成因，到现在医学上也还没有完整的解释，所以耳鸣状况迟迟未改善时一定要尽早就医，以便找出病源。

会自然痊愈。

但是如果听觉神经长期受到刺激，例如：常常戴着耳机听大声的音乐，或是居住环境太吵，就会导致耳鸣频繁地发生。这时可就不能放任嗡嗡声响个不停，要赶快去找医生检查！

小小叮咛

严重的耳鸣会影响日常生活，甚至让人有自杀的念头。如果常常发生耳鸣的话，就要注意是不是身体在发出警报了！

异物飞进眼睛时该怎么办?

学习重点 思考并演练促进个人及他人生活安全的方法。

不要赶我走!

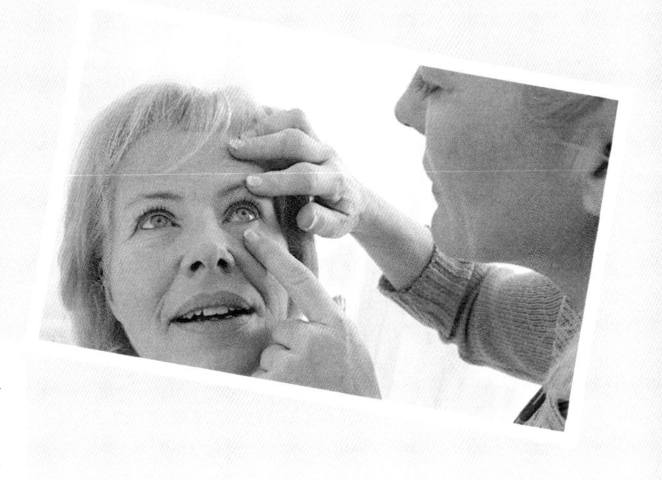

如果跑进眼睛的异物较大，或是无法用眼泪排出去的时候，可以试着用清水冲洗眼睛。但记得水流不要太强，以免伤到眼珠。

小知识

眼睛沾到脏东西后，会感到又痛又痒的，很多人会点眼药水，但未经医师指导随便使用眼药水，很可能会导致眼睛更不舒服。

戴耳机会损害听力吗?

学习重点 说明并演练促进个人及他人生活安全的方法。

在吵闹的环境里，想要有安静的空间的方法就是戴上耳机，让音乐隔绝四周。然而，许多人往往用耳机听音乐听得太投入，忘记控制音量的大小，长期下来就会对听力造成无法挽救的损害。

人类耳朵里面的毛细胞会将外面传来的声波转换成神经讯号，并传递给大脑，因此我们才能听到声音。毛

音乐家贝多芬在将近30岁时开始逐渐丧失听力，50岁时耳朵便全聋了，即使如此他仍创作不懈，在无声的世界里谱出许多伟大的音乐。

细胞不会自行修复，也不会增生，所以听力只会日渐衰退，一旦受伤后也很难康复。

火车行驶或飞机起飞时发出的巨大声响，大概是100~120分贝。只要待在这样的环境里超过半小时，就会导致永久性的听力丧失；而一般耳机的“大声”大概是90分贝，收听超过2小时，也会对听力造成不良影响。

用耳机听音乐时，音量应控制在七成以下，且每小时休息一次。而现在有许多耳机都是耳塞式的，比起耳挂式或耳罩式的耳机，伤害性更大！

吃东西噎到时该怎么办？

学习重点　思考并演练处理危机和紧急情况的方法。

元宵佳节，小伍的外公依照习俗煮了一锅汤圆，吃到一半时，小伍却发现外公的手停了下来，呼吸声也不太对劲。原来外公吃得太开心，一不注意就忘记咀嚼，而让汤圆硬生生地卡在喉咙里。

小伍忍住慌张、害怕的情绪，赶紧打120求救。他照着电话那头接线员的指示，绕到外公的背后，用双手

老人与幼儿是最容易噎到的族群，婴儿的急救动作与成人不同，婴儿版的海姆立克法是将婴儿面朝下，托在手臂与大腿上，一只手捏住婴儿两边下颚，另一只手用掌根拍击背部。

环抱他，接着将小小的右手握紧，在肚脐上方的位置用力往上推挤，外公肺里残存的气体便将汤圆从喉咙中推了出来。多亏小伍的临危不乱，外公才免于生命危险。而接线员教小伍的这套动作叫作“海姆立克法”，是吃东西噎到时使用的重要急救法！

果冻、魔芋、糖果、汤圆、馒头、年糕与未切的肉，都是容易让人噎到的食物。噎到时如果身旁没有人帮忙，不要灌水或用手去抠，借着桌椅边缘也能应用海姆立克法自救。

为什么关灯之后不该看手机？

学习重点　分辨日常生活情境的安全性。

不管是电脑、手机、电视还是书本，都不应该长时间盯着看！

也要注意不要让眼睛跟屏幕或书本的距离太近，并保持周围光线充足。

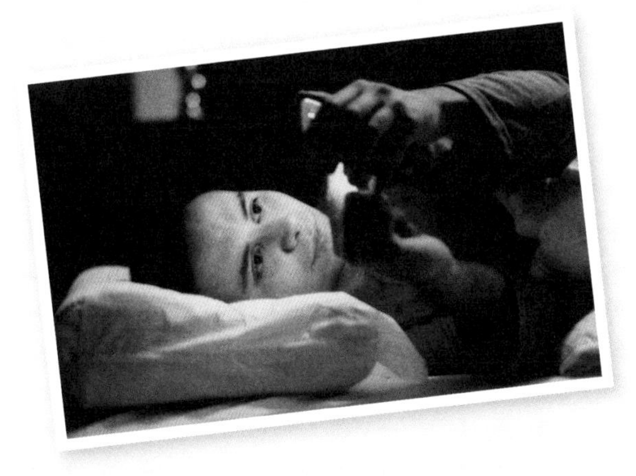

当你觉得视线中心变暗、视物线条变形，就很可能是黄斑部产生病变了。而高度近视、高龄、糖尿病、抽烟或常让太阳直射眼睛，都会导致黄斑部病变。

学习重点　认识药物及其对身体的影响，并能正确使用。

小朋友，你有过头痛的经历吗？头痛不一定是病，但痛起来却要人命呢！引起头痛的原因有很多种，有时候是感冒造成的，有时候则是因为晚上没有睡好。还有可能是冷风吹到头部，或是心理压力导致头痛。

虽然头痛的原因很多，但解决方法也都不会太复杂。可以在医生指导下服用阿司匹林或是必理通，也可

剧烈头痛可能是脑部病变所引起的，像是脑膜炎、大脑炎等疾病，遇到这种状况时一定要去医院检查，以免产生更严重的问题。

以多到室外呼吸新鲜空气，或是擦一些醒脑的精油。如果是因为心事重重才引起头痛，就必须先解决烦恼，不然吃什么药都是没有用的喔！

止痛药是不能乱吃的，在服用任何药物之前，一定要先经过专业医师的诊断！

流鼻血的时候该怎么办？

学习重点 思考并演练处理危机和紧急情况的方法。

有一天，小伍走在正午的艳阳下，突然感觉到鼻子有点怪怪的，一摸居然发现流鼻血了！小伍感到又惊又慌，到底该怎么办呢？

我们的鼻子里面有鼻黏膜和血管，天气太燥热时鼻黏膜会跟着变得干燥，因此容易破裂并出血。除此之外，擤鼻涕、打喷嚏、撞伤等都有可能造成流鼻血。流鼻血时不用惊慌，如果出血量不多，用手指捏住鼻翼

有些鼻子过敏的人的鼻黏膜比较薄，常会觉得鼻子痒痒的或是怪怪的，当忍不住去揉鼻子时，鼻黏膜就会因此破裂而流鼻血。

的两侧，头稍微往前倾，让血液可以从鼻孔流出并用嘴巴呼吸，约5分钟就可以止血。如果出血量比较大，就要立刻去看医生了。

小小叮咛

夏天会因为天气燥热而流鼻血，但是冬天也可能突然流鼻血呢！这是因为冬天天冷使大家习惯进补，有时候吃得太补反而让身体变得燥热，于是就会流鼻血！

学习重点 说明并演练预防及处理运动伤害的方法。

如果伤势严重，做完应急处理后，
应该马上找医师诊治。
另外，扭伤后的48小时内不要揉受伤的地方，否则会越揉越肿喔！

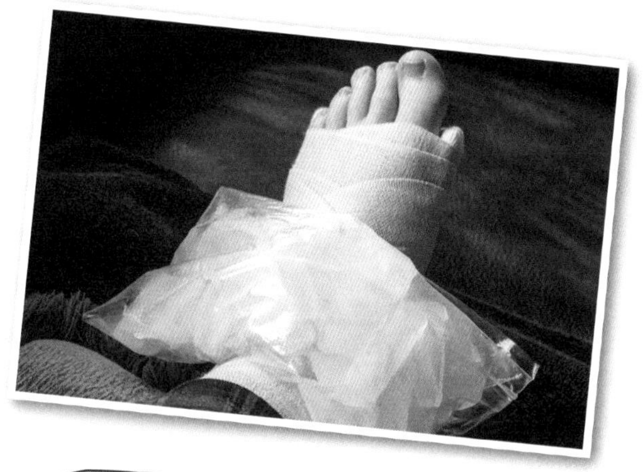

好像没那么痛了！

小知识

扭伤后立即处理方法口诀为：R、I、C、E（Rest 休息、Ice 冰敷、Compression 压迫、Elevation 抬高）。

什么样的危险玩笑不可以开？

学习重点 说明并演练促进个人及他人安全生活的方法。

在学校里，小朋友常常会开别人玩笑，觉得很有趣，虽然没有恶意，有时却会造成无法想象的后果。

最常见的危险玩笑是“抽椅子”。在别人坐下的那一刻把椅子抽开，让他突然跌坐在地上，露出困惑的模样好像很有趣，实际上却可能让摔倒的人腰背挫伤、脊椎骨受伤，严重时，甚至从此半身瘫痪，连大小便都不能自己控制。有一些人则会将尖锐物黏在座位上，等别

不管是言语羞辱还是肢体伤害，带有恶意的行为就不只是开玩笑，而是“霸凌”了。校园霸凌常常让许多学生笼罩在阴影里头，排斥上学。

人坐下来，顶到剪刀、笔或尖针而吓得跳起来，再嘲笑他一番。但若尖锐物刺进肛门，戳破直肠，可就得紧急送医了。

无伤大雅的玩笑可以拉近同学间的距离，创造有趣的回忆。可是如果玩笑开得太过头，使别人受伤，那大家可就笑不出来了。

在开玩笑之前，要先想到这件事情有没有可能造成无法挽回的后果。如果是危险的玩笑，就该适可而止，以免让自己成为加害者。

烫伤该如何处理?

学习重点 思考并演练处理危机和紧急情况的方法。

“唉哟！好痛喔！”在厨房忙碌的妈妈听到小安惊呼，才发现他将滚烫的热水打翻到自己的脚上，这时该怎么办呢?

如果不小心烫伤，首先要确认伤口的大小和严重程度。伤口不大且只有发红的话，表示只是轻微烫伤，这时要快点用冷水冲受伤部位，并在水中轻轻将

烫伤后伤口要冲 15 ~ 30 分钟的冷水，如果起水泡了也不可以刺破；被化学药剂灼伤的话，可以看看药剂包装上有没有处理方法可参考。

饰品与衣物脱下，然后让伤口浸泡在冷水中。

如果伤口脱皮，皮肤呈现深红色，甚至有休克现象的话，就表示烫伤很严重，这时要拨打120叫救护车，并将伤患放在干净的床单或毯子上，避免接触地面。如果伤患神志清醒，可以让他喝一点水，然后等待救护人员到来。

市面上有些药膏会标明烫伤专用，但是烫伤的时候，千万不要随便涂这些药膏，因为若没有经过专业的处理，可能会让伤口化脓或留下疤痕。

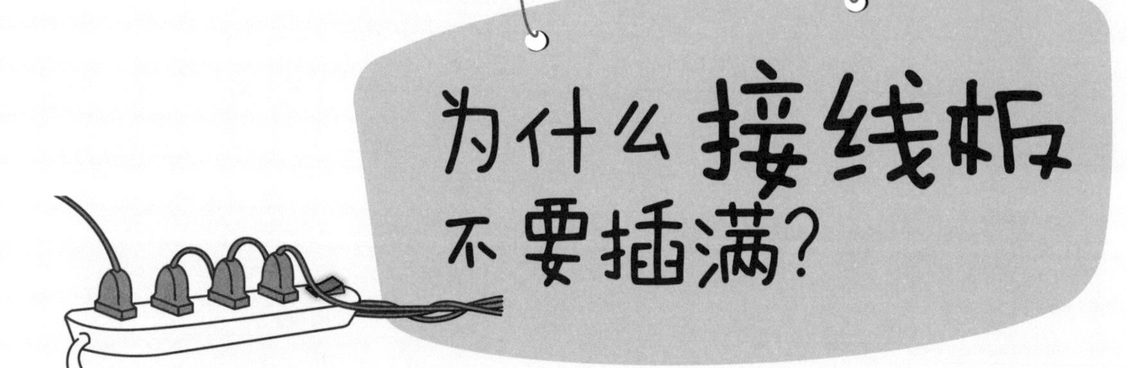

为什么接线板不要插满？

学习重点 分辨日常生活情境的安全性。

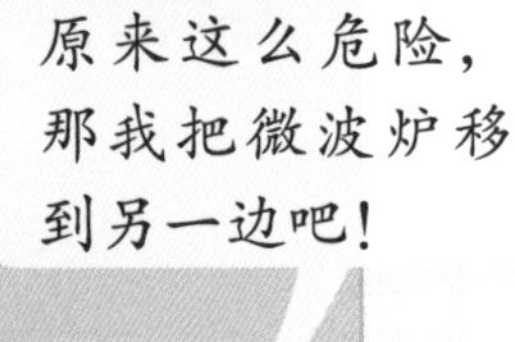

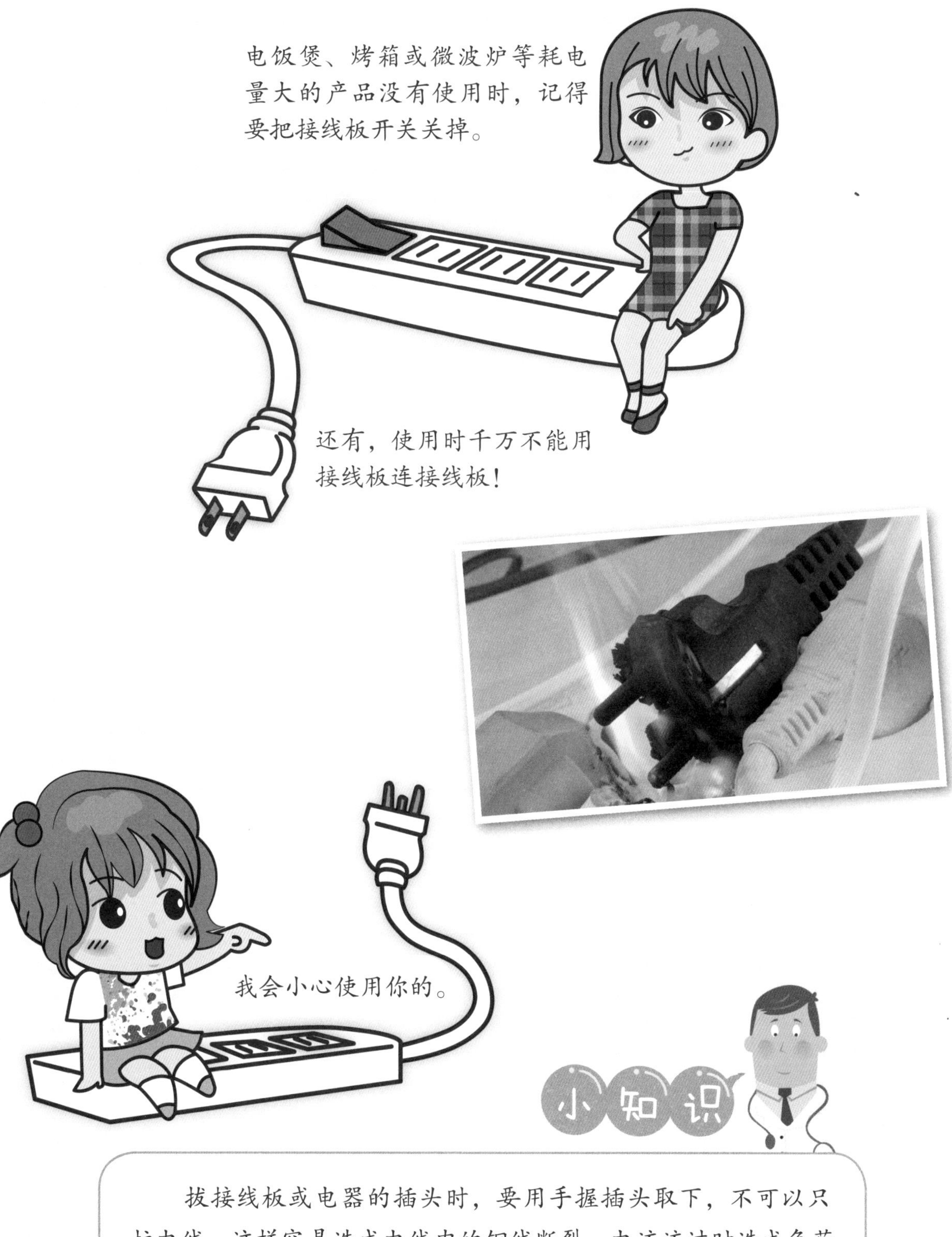

拔接线板或电器的插头时，要用手握插头取下，不可以只拉电线，这样容易造成电线内的铜线断裂，电流流过时造成负荷增加，产生高热而引发危险。

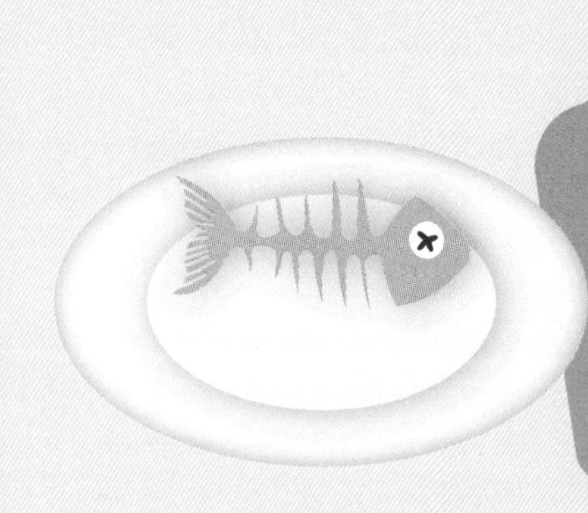

误吞鱼刺该怎么办？

学习重点 思考并演练处理危险和紧急情况的方法。

小朋友们喜不喜欢吃鱼呢？鱼类的营养价值高，蛋白质更是猪肉的两倍之多，但是挑鱼刺却是件麻烦的事情，而且还有可能一不小心就吞下鱼刺。如果吞入的鱼刺比较短，就会跟着粪便一起被排出，长一点则可能卡在喉咙里，造成不适。

坊间流传许多让鱼刺离开喉咙的偏方，例如：喝醋软化骨头、吞白饭挤下鱼刺或者喝大量的水将它冲掉。

我国鱼类资源丰富，较常见的淡水鱼有鲤鱼、草鱼、鲢鱼等，这些鱼刺都比较多，吃的时候一定要小心！

但这些做法都是没用的，甚至可能让鱼刺越卡越深，伤害食道。

鱼刺不小心卡在喉咙时，应该先停止进食，然后试着轻轻咳嗽，看能不能将鱼刺咳出来。如果不舒服的感觉久久不散，就得去找医生，借助医疗器具取出鱼刺。

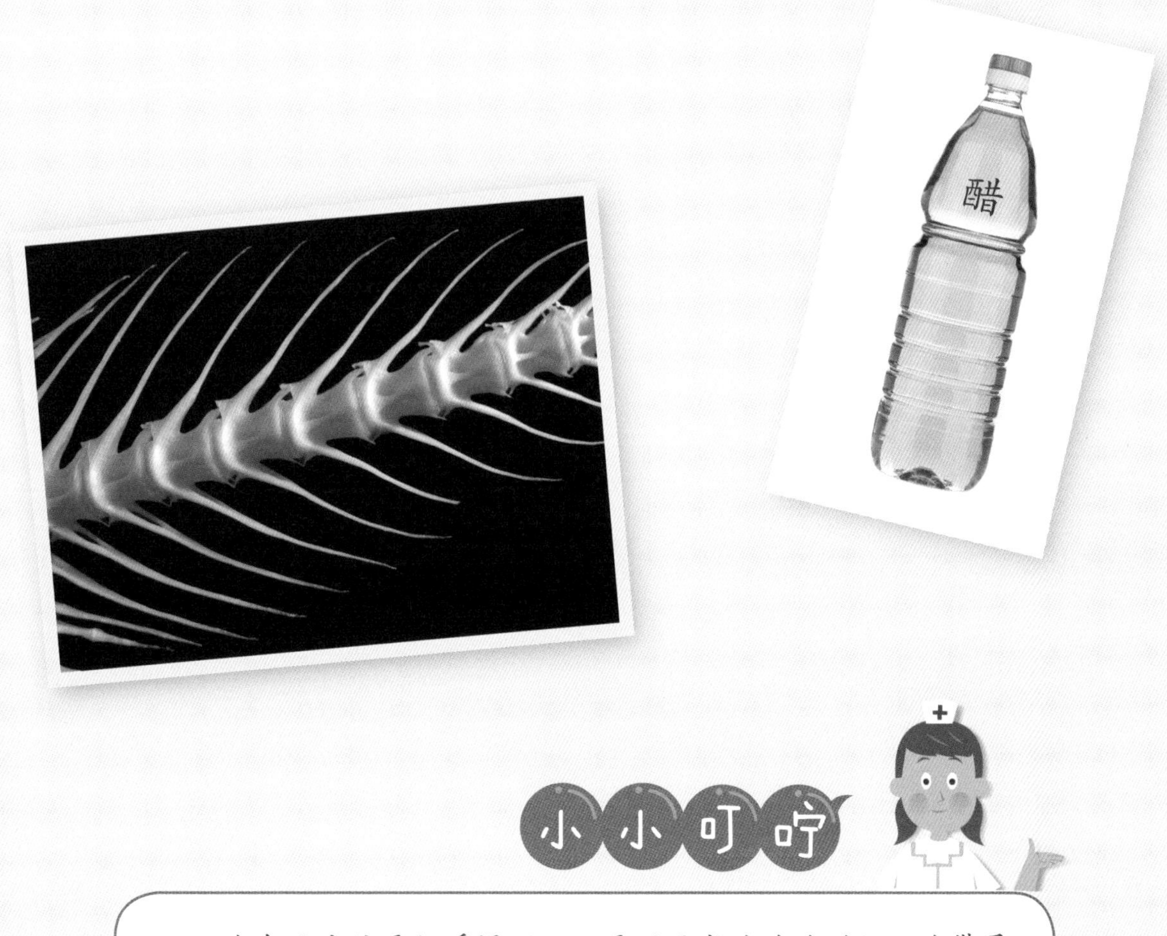

小小叮咛

吃东西应该要细嚼慢咽，不要用吞或边吃边说话，吃带骨头的食物时要更小心。

学习重点　分辨日常生活情境的安全性。

小伍有一天突然觉得耳朵好痒，于是拿了掏耳勺挖耳朵；当耳垢清理干净后，痒痒的感觉也就消失了。我们是不是平时就应该要多挖耳朵呢？

其实，我们的耳朵非常厉害，有自行清理的功能，所以一般来说并不需要特别去清洁耳垢。如果像小伍一样，忍不住想挖耳朵的话，可以使用柔软的工具，并小心控制力道，不要挖得太深、太用力，以免让耳道受伤

因为遗传基因的不同，所以有些人的耳垢是湿的，有些人则是干的。

甚至发炎。因为自己看不到耳朵里的样子，所以也可以请爸爸、妈妈帮忙清理耳垢喔！

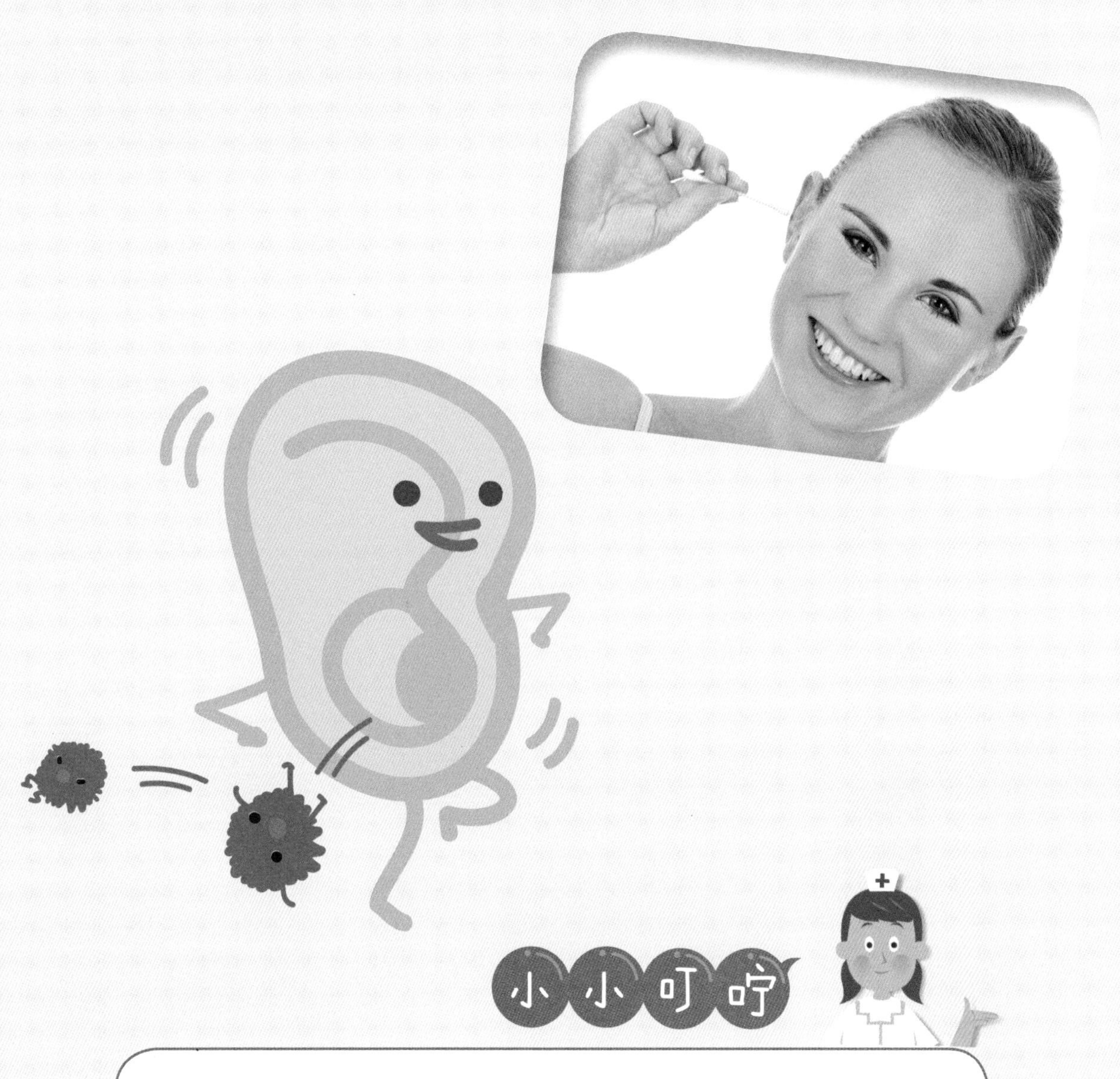

小小叮咛

当耳朵感到异常的痒、痛时，也可能是虫子跑进耳朵里了，这时可以先在黑暗处用手电筒照耳内，让虫子自己跑出来。如果没用，就要赶快去看医生，千万不能随便用工具挖取。

台风来袭时该怎么办？

学习重点 思考并演练处理危险和紧急情况的方法。

台风来袭前，在玻璃上贴胶带的强化效果虽然有限，但至少可以防止玻璃被风吹破。

用黏性最好的透明胶带，先贴正方形后，中间再加个叉叉最有效。

台风的名字是早就取好的，在2000年后，世界气象组织成员开会决定了140个名字，类型横跨花草、动物、神话角色和珠宝等。

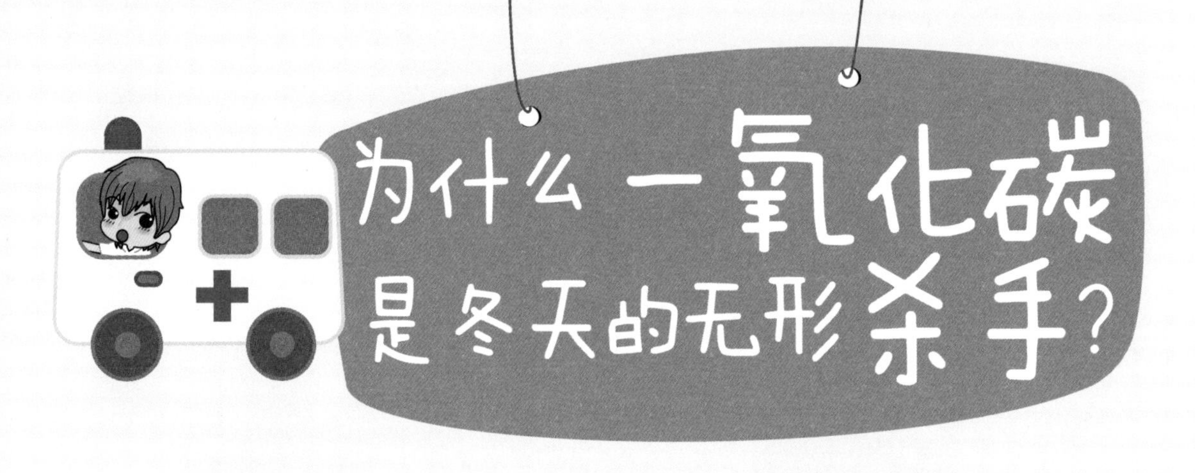

学习重点　说明并演练促进个人及他人安全生活的方法。

新闻常常会出现“寒流来袭，×××在密闭浴室洗澡时，因煤气中毒送医院急救”这样的报道。但真正有毒的其实不是煤气本身，而是它燃烧不完全时所产生的“一氧化碳”。

透明的一氧化碳杀人于无形，中毒的人往往自己没有感觉。一氧化碳会霸占红血球，让它们不能载运氧

当在室内感到恶心、想吐的时候，就要快点开窗，让室内通风。发生在别人身上时也一样，要先开窗让新鲜空气流入室内，再打 120 求助。

气，导致我们的身体开始缺氧，产生视力模糊、呼吸困难、头昏脑涨、四肢无力的症状。尤其在寒流来袭时，人们会关上窗户，如果燃气热水器刚好又摆在通风不良的室内，浴室里的一氧化碳就会逐渐增多，使泡澡的人不知不觉中毒。所以，小朋友记得要提醒爸爸、妈妈，将燃气热水器安装在通风透气的地方！

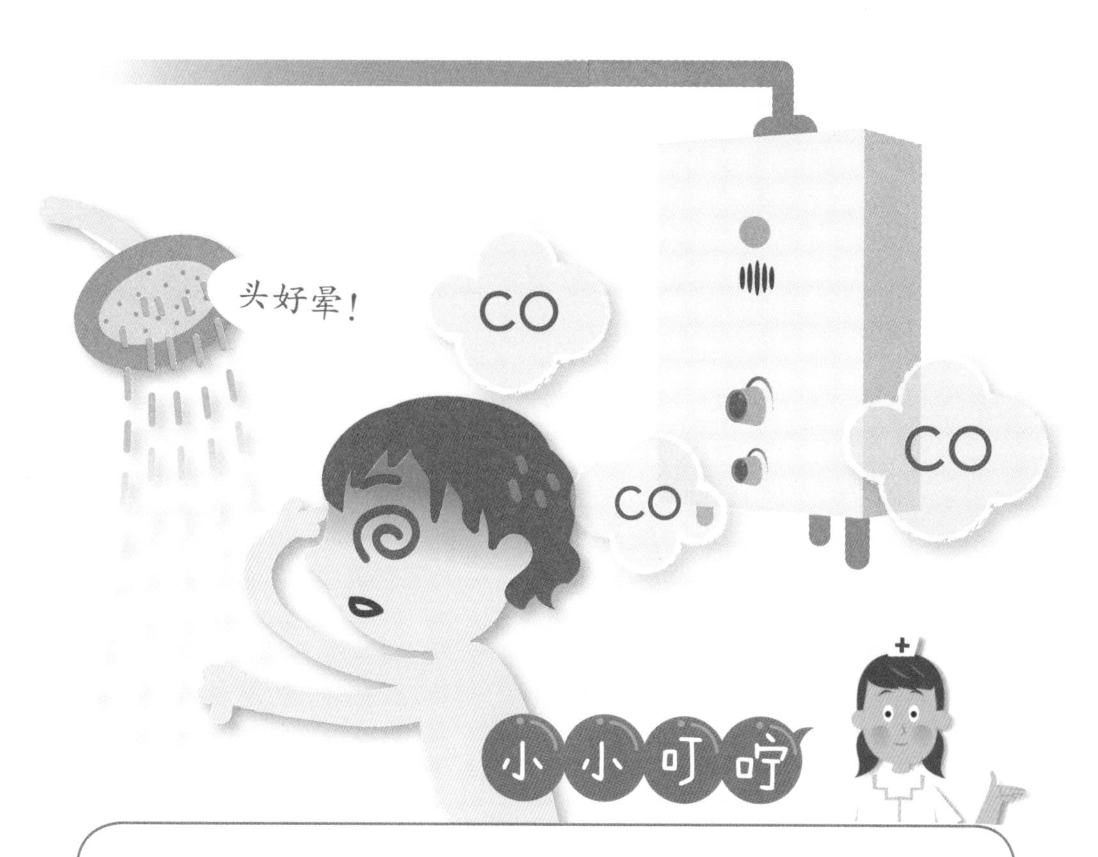

小小叮咛

燃气热水器的安装位置非常重要，即使装在阳台，也要避免纱窗不通风，或者晾衣物时影响空气循环。如果家中没有装燃气热水器的安全位置，可以改用电力发热的电热水器。

地震来袭时该怎么办？

学习重点　思考并演练促进个人及他人安全生活的方法。

“啊！是地震！”突然一阵天摇地动，吓得大家惊声大叫、四处乱跑。没多久地震就停了，虽然没有造成任何损害，但桌椅却被弄得一团糟，老师立刻告诉大家刚刚的举动是不对的。那地震来袭时到底该怎么办呢？

如果人在坚固的桌子旁，建议躲入桌子下，抓稳桌脚；假如身旁没有桌子或坚固的掩蔽物，应尽快远离冰箱、橱柜等可能会翻覆的大型家具，及可能碎裂的玻璃

2008 年 5 月 12 日的汶川大地震是中华人民共和国成立以来破坏力最大的地震，也是唐山大地震后伤亡最严重的一次地震。

门窗，建议躲在墙角，且最好是外墙的墙角；如果刚好在睡梦中被摇醒，就待在床上不要乱跑，以枕头、棉被护住自己的头颈部。以上躲避过程，都要尽可能将身体蜷曲、缩到最小，降低遭移位的家具、大型物体或破裂玻璃砸中的可能。不过强震来袭时的状况瞬息万变，还是要懂得随机应变！

我国多个地区处于地震带上，身处这些地区，平时就不能马虎，有重量的物品应放在低处固定好，也要知道水、电、煤气如何关闭，并规划好大地震时的避难路线。

被蜜蜂螫了该怎么办？

学习重点 思考并演练处理危险和紧急情况的方法。

有时候，蜜蜂会把蜂巢盖在学校天花板、阳台某个角落，骑楼屋檐或公园的树上。

为了避免路过的民众遭到攻击，可以打119报警，请消防人员助它们搬家。

小知识

2006年末，欧美各地的蜜蜂忽然大量失踪，原因不明。蜜蜂失踪会连带使植物、作物失去花粉传播的途径，造成其无法繁殖，农夫也会没有下一轮的收成。

被毒蛇咬到该怎么办？

学习重点　思考并演练处理危机和紧急情况的方法。

我国地域广阔，物种丰富，在很多地区都有毒蛇分布。最常见的毒蛇有：金环蛇、银环蛇、舟山眼镜蛇、蝮蛇、眼镜蛇、竹叶青等。其实蛇类生性胆小又害羞，所以在路上看到它们的话不用害怕，只要不去挑衅、攻击它们，它们就只会静静观察你的动静。

将微量的蛇毒注射到马的血管里，等到抗体出现再过滤出来，就会得到能消灭蛇毒的血清了。

但如果没注意到毒蛇的存在而踩到它们，可能就会被咬一口呢！这时要做的事可不是用嘴巴把毒血吸出来，而是保持冷静，记住咬你的蛇长什么样子，然后迅速到医院施打血清以清除毒素。

暖和的夏季是蛇出没的季节，因此到野地时要尽量穿长袖衣裤，不要穿露出脚趾的拖鞋或凉鞋，并以棍棒代替手拨开枝叶，以免被暗处的蛇攻击。

为什么打篮球会吃到萝卜干？

学习重点　说明并演练预防及处理运动伤害的方法。

球赛还没结束，小伍身上的汗也才半干。他一边往保健室走，一边用左手揉着右手无名指。队友的呐喊声在他背后回响，迎面而来的是同学小安。小安问他怎么了，小伍也只是故作镇定地说“吃萝卜干而已啦！”

小安不知道为什么在篮球场上会吃到萝卜干，而且吃完还会这么痛苦。他陪小伍到了保健室才了解，原来

运动常伴随着运动伤害，打篮球除了会吃萝卜干，也会因为激烈的奔跑、跳跃而使膝盖与脚踝受伤。

“吃萝卜干”指的是手指扭伤、挫伤的意思。当手指受到不当的外力撞击，就会使肌腱裂伤或指关节脱位，因而造成肿胀、变形。因为手指会变得又红又肿的，就像萝卜干一样，所以才会称这种运动伤害为“吃萝卜干”。

不管是打球、做家事还是开车门，只要施力不当都有可能让手指吃萝卜干。不慎扭伤手指时，可在就诊前先做“休息、冰敷、压迫、抬高”四个紧急处理的步骤！

游戏场所有什么危险？

学习重点 分辨日常生活情境的安全性。

到游戏场所游玩时要先看看有没有损坏的情形？告示板上有哪些禁止的行为？地板上有没有铺防止摔伤的橡胶垫子？

玩游戏的时候，小小的擦伤在所难免，而重伤大部分是从攀爬架、秋千或滑梯上跌落地面造成的。这些设施到处可见，所以消除安全隐患也更加重要。

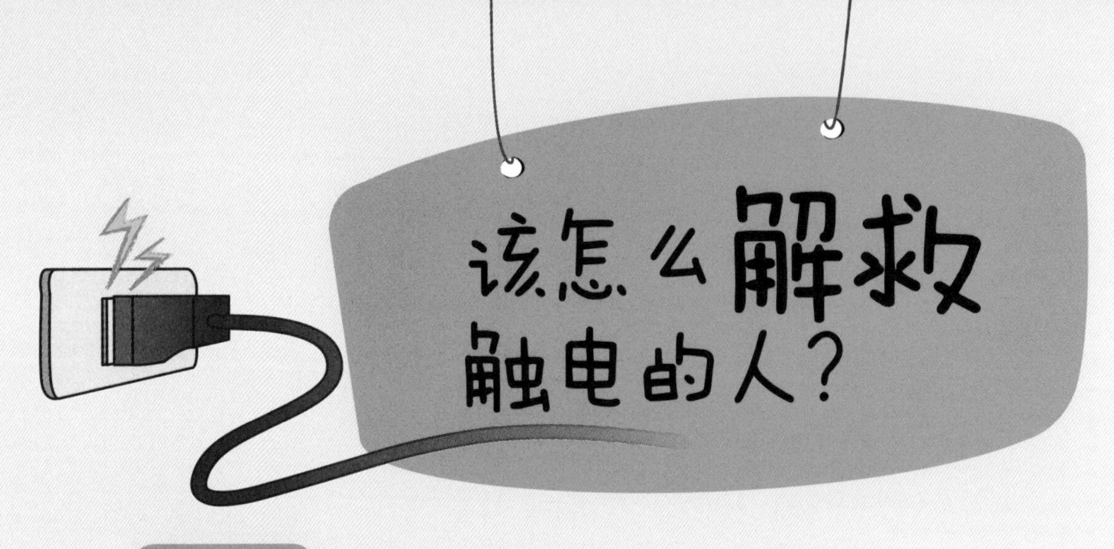

该怎么解救触电的人？

学习重点 思考并演练处理危险和紧急情况的方法。

人体中有百分之七十都是水，而水是良好的导体，所以如果没有穿着防护装备就接触电流，电流便会直接通过身体。

碰到高压电线，天然雷击，手湿接触漏电插座与电器等，都是常见的触电意外。强力的电流会让肌肉无法控制地收缩，因此当事人很难靠自己的力量逃开。而触

大家都怕被电流电到，但 18 世纪的美国人富兰克林为了了解电的性质，在下雷雨时放了一只大风筝到天上引导雷击，甚至还用手指去碰触。之后，他便发明了防雷击的避雷针。

电后短短一秒钟便足以使身体麻痹、呼吸中断、心跳停止，如果没有及时进行人工呼吸与心脏按压，很可能会丧命。

解救触电者时，绝对不能直接用手触碰他，不然自己也会被电昏。首先要做的是关闭电源，拔掉插头，并拿不会导电的棍棒或戴上塑胶手套，将触电者拉离开电源，最后才进行贴身的急救动作。

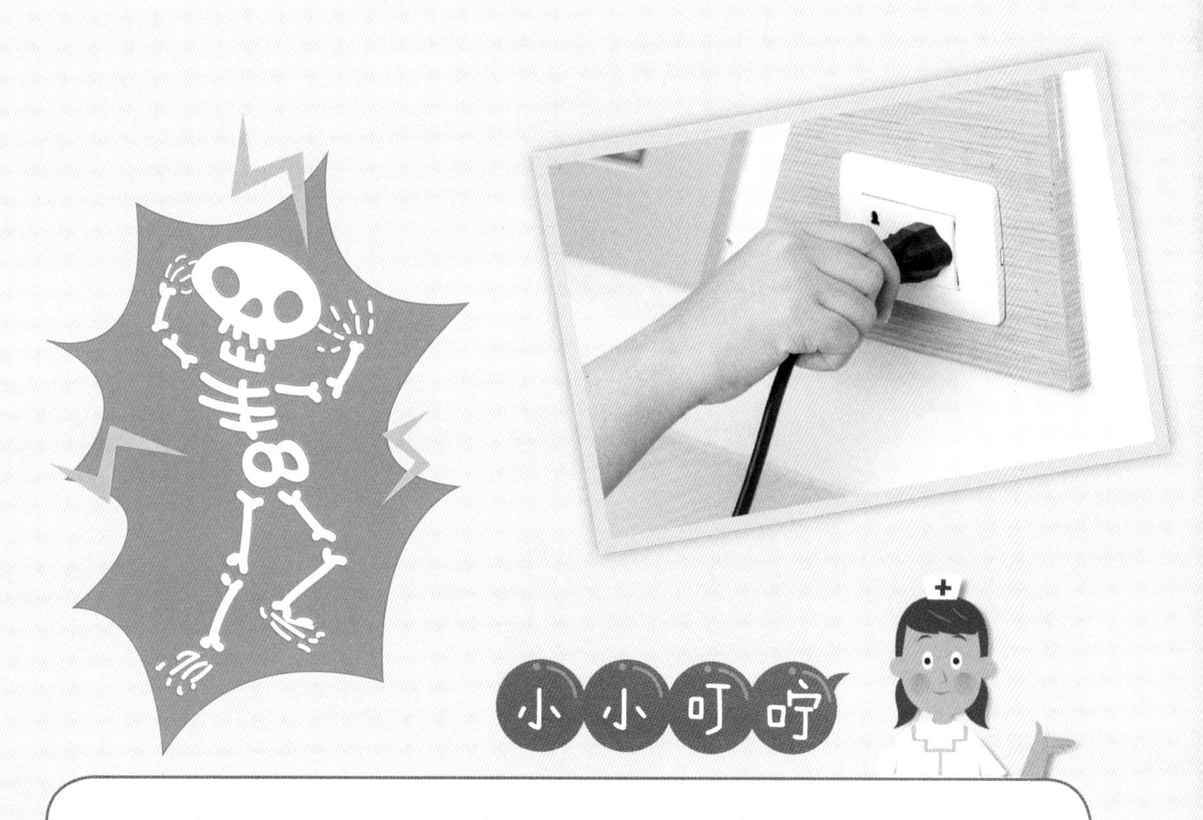

小小叮咛

恶劣的天气里，不要站在空旷的地方、没有避雷设备的屋顶或树荫下，以免被雷击中，平常也该避免在身体潮湿的状态下接触电器。

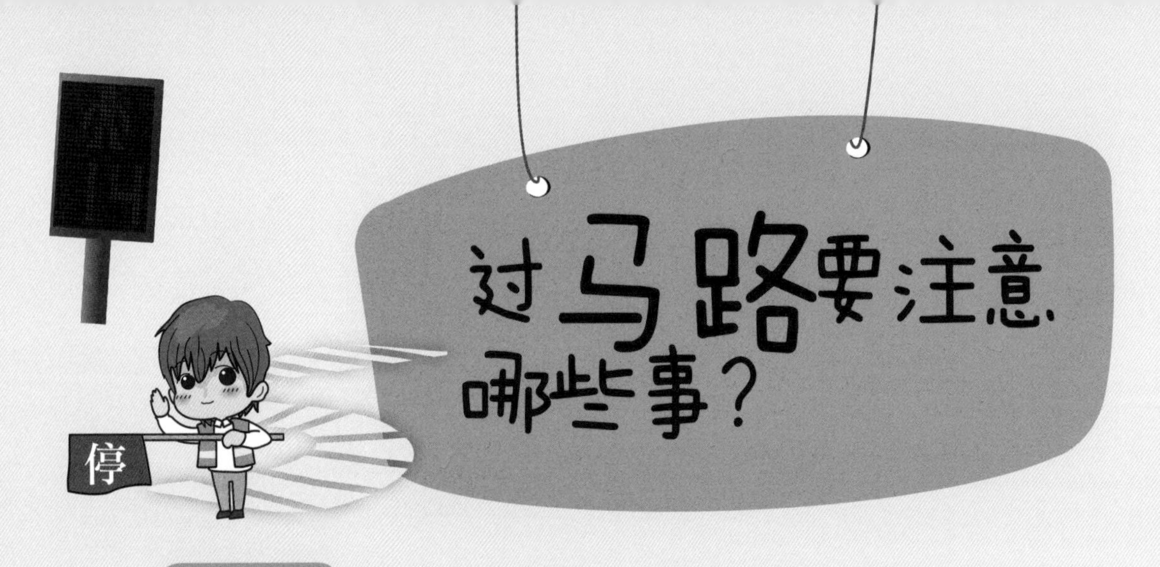

过马路要注意哪些事？

学习重点 说明并演练促进个人及他人安全生活的方法。

放学期间的校门口挤满了人，突然有个小朋友横冲直撞，而且硬要穿越还是红灯的马路，好危险呀！幸好老师及时将他拦了下来，不然不知道会发生什么事情。

俗话说“马路如虎口”，虽然大家都知道红灯停、绿灯行，但可不要以为绿灯时就一定安全，因为有些大人会不遵守交通规则而闯红灯，或是在转弯时不慎擦撞到行人。所以在过马路时不要太靠近转弯的车子，也可

法律明定行人应走斑马线，禁止走机动车道或穿越隔离带，违规者将被警告或处以相应罚款！

以在车子经过时用手势示意。另外，还要记得加快脚步，免得还没走到马路另一头时，“小绿人”就变成“小红人”了！

在过斑马线前，记得远离马路三大步，免得因为驾驶的视线死角而被撞到。绿灯亮起后，要先抬头看看左右状况，再过马路。

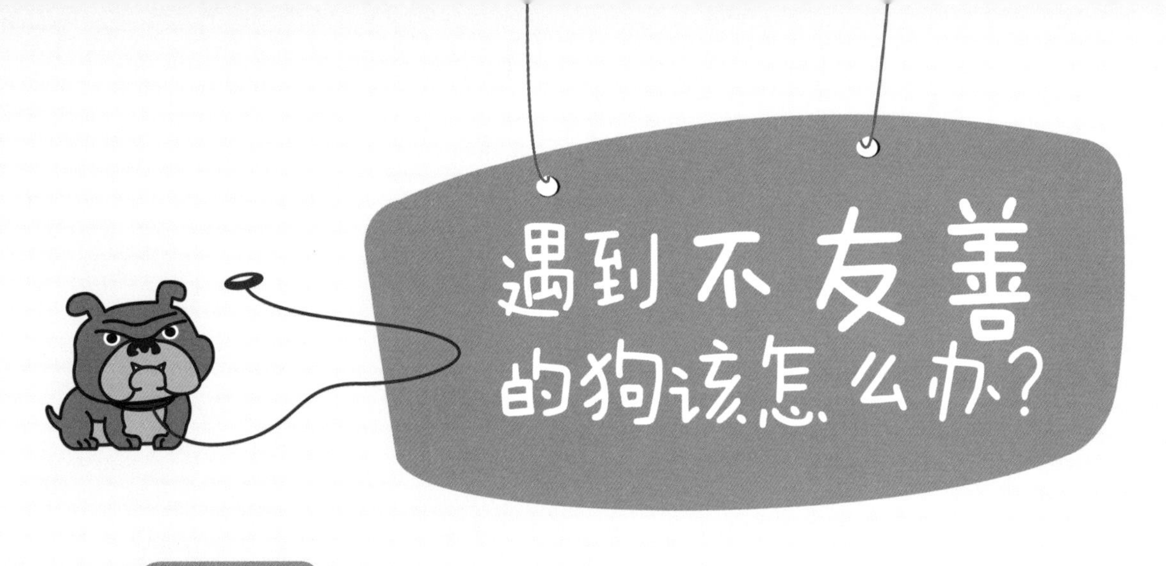

遇到不友善的狗该怎么办？

学习重点 思考并演练处理危险和紧急情况的方法。

狗狗很可爱，我们要爱护它们！

饲养宠物要以领养代替购买，领养不仅便宜，还能让收容所释出空间照顾更多动物，让它们免于安乐死的命运。而且宠物店的动物来源不明，有可能是非法养殖场出生的。

为什么吃药有规定的时间？

学习重点　认识药物及其对身体的影响，并能正确使用。

去医院拿药，药单上都会写着饭前服用、饭后服用、睡前服用等，不同的药服用时间也不一样，还真是麻烦！但是，用药时间的规矩可是大有学问的喔！

有些药有副作用，像是很多感冒药会让肠胃不舒服，因此为了减少对肠胃的伤害，这些药就需要在饭后服用，让食物保护肠胃；还有些药吃了会让人非常想睡

如果医生一次开很多种药给病人，会特别标明每种药品的服用时间。除了是要让药效发挥和减少副作用之外，也是为了错开每种药物的作用时间，让身体可以慢慢吸收。

觉，这种药医生多半会让病人在睡前服用，以免因为吃了药而打瞌睡，影响白天的作息。

服药一定要按照医生指示的时间，才能够让药发挥效果，也才不会对身体造成太大的负担！

医生开的药，不管是分量或是服用时间都是经过专业判断的，而且还有药剂师的把关，所以不可以随意改动药量和服用时间！

为什么吃了感冒药会想睡觉？

学习重点　认识药物及其对身体的影响，并能正确使用。

感冒让人不停地流鼻水、打喷嚏、咳嗽，好不舒服啊！虽然吃了医生开的药以后，症状舒缓了一些，但是上课时却觉得好想睡觉，就算努力告诉自己要认真听课，眼皮还是不知不觉的越变越重。为什么吃了感冒药后会被“睡魔”缠身呢？

吃了感冒药而变得睡意浓厚，是因为药物的副作用，所谓的副作用是指药除了能治病之外，同时也会引

有些人吃了药会出现相当严重的副作用，可能是因为药物过敏，或是体质比较虚弱的关系，这时候一定要马上通知医生，请医生开适合自己的药。

起一些不舒服的感觉，例如：无力、嗜睡、注意力不集中等。这些副作用通常不会很严重，也不会对身体造成太大的伤害，所以生病了还是要乖乖把药吃完喔！

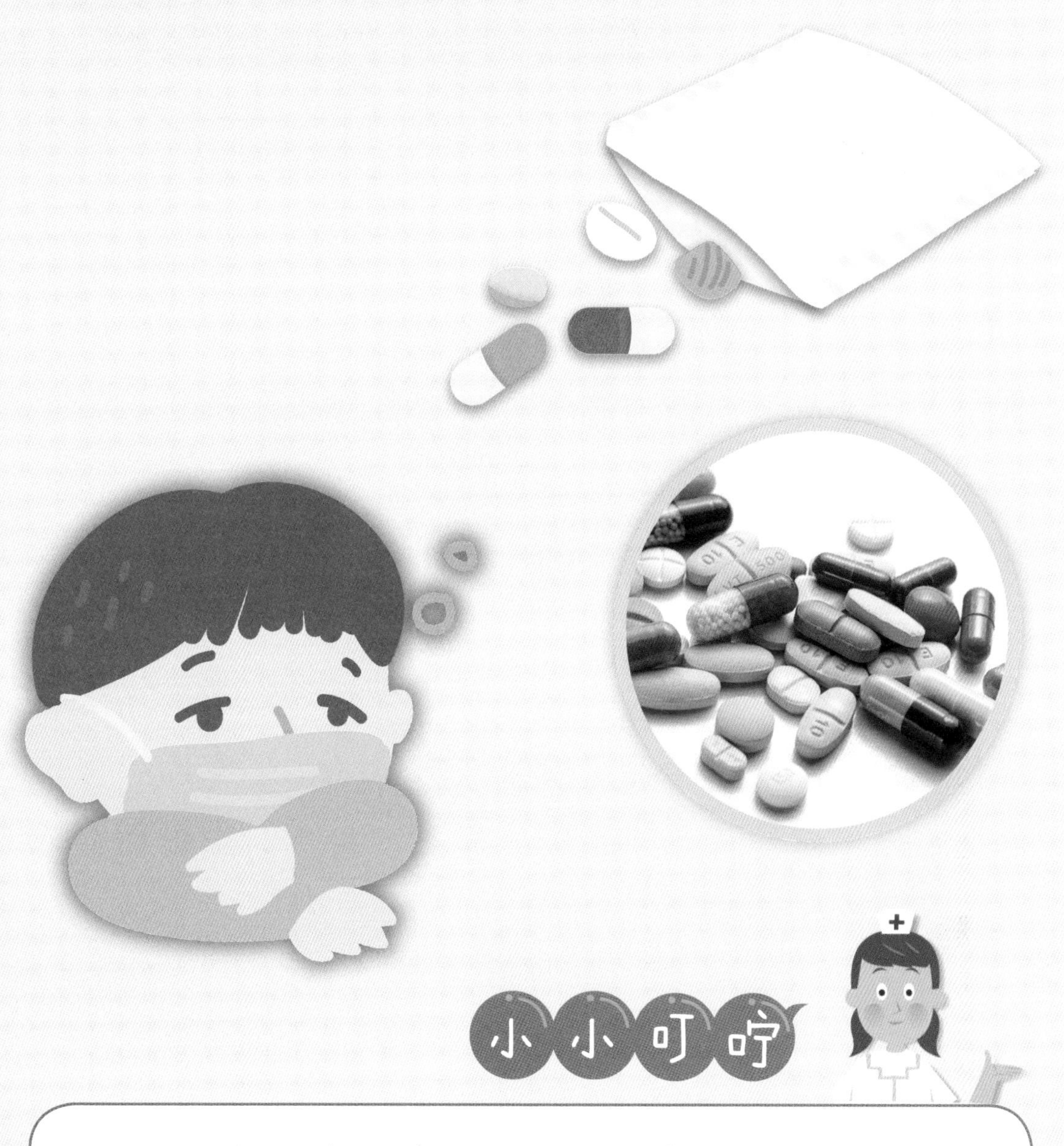

合格的药品包装上面都会标示副作用，有时候一种药会有好几十种副作用，但并非全部都会发生在服药者身上，所以不必太惊慌。

为什么药品要放在干燥阴凉的地方？

学习重点 认识药物及其对身体的影响，并能正确使用。

小朋友，如果你曾经仔细看过药品包装上写的注意事项，会发现大部分都有写“请放置在干燥阴凉处”这句话。为什么药一定要放在太阳晒不到、水滴碰不到的地方呢？

不管是我们生病还是受伤时服用的药，都是化学物质制作而成的。而阳光中的紫外线，会使那些化学物质产生变化，药的药效可能因此降低，甚至会变成有毒的

高温的环境也会让细菌滋生，所以一般药品都应该放在20℃以下的地方保存。

物质。如果接触到水分，也会让药物变得潮湿，进而造成变质。所以保存方式最好是放在干燥箱内，隔绝光线、湿气与高温！

小小叮咛

药品最忌讳放在浴室与厨房等潮湿的场所，这些地方都容易使药品坏掉。

学习重点　分辨日常生活情境的安全性。

幸好你没有受伤。可能是因为浴室太潮湿，水气让洗脸盆的陶瓷结构变松了。

从挑选、安装到日后检查、保养，都要小心谨慎，以防洗脸盆崩裂。检查时，尤其要看看藏在阴暗角落的螺栓处有没有裂痕。

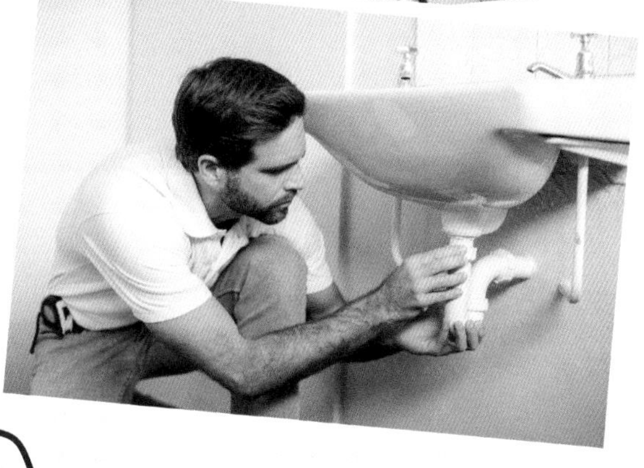

不要把我当浴室扶手，用力往下压！

陶瓷马桶一样也有崩裂的风险，如果马桶底座有裂痕，或是安装时没有用水泥固定好，就会产生危险。

为什么药的外面会包着甜甜的糖？

学习重点 认识药物及其对身体的影响，并能正确使用。

有时候吃药时会发现，苦苦的药外面，居然包着一层甜甜的糖！除了因为药没有想象中难吃而感到开心之外，小朋友你是否也觉得好奇，为什么要用糖包着药呢？

其实，包着药的糖叫做糖衣，而糖衣主要的功能是保护药。因为药很害怕阳光、高温以及湿气，如果碰到这三样“克星”，药就容易变质、变色，湿气太

有些药是绝对不可以照到阳光的，因为阳光中的紫外线会让药品加速变质，并使药效降低，甚至还可能产生对人体有害的物质。

重的话还有可能会发霉呢！所以在药的外面裹上一层糖衣，就不会让药品直接接触到阳光和水汽，达到保护的效果。

除此之外，糖衣还可以让药的外观变成各式各样的颜色，这样大家就能辨认出不同的药物，也就不会拿错药了！

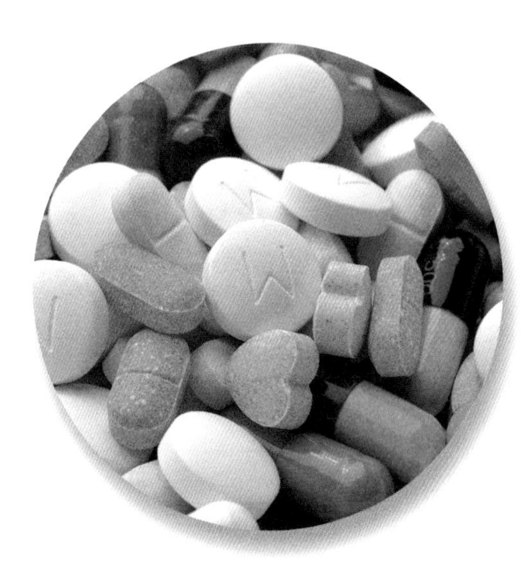

哇！药变好吃了！

厨房、浴室、窗户旁，都是不适合保存药的地方；有些人习惯把所有的药都放进冰箱，但其实也是有害怕低温的药。领药的时候记得向药剂师请教保存的方法，才是最有保障的做法！

自己买药来吃不好吗？

学习重点　认识药物及其对身体的影响，并能正确使用。

“妈妈我觉得头好晕、喉咙好痛喔！”

“哎呀！那一定是感冒了，得赶快去看医生。”

“可是妈妈，我好怕看医生喔！可不可以去药店买个感冒药回来吃就好？”

大家一定都知道，没有经过医生的指示，最好不要去药店随便买药。在医院或诊所拿到的药，是医生在了解病患身体情况以后，才开出的处方。而药店卖的成

小知识

如果知道自己有药物过敏，一定要记得药物的名称，并在看诊时提醒医生不要开那种药。

药，没有经过专业的评估，有时候吃了不但没有效果，还可能造成药物过敏或引起其他的副作用，结果让小小的感冒变成大病一场。

所以，去药店买药不是好方法，还是让专业的医生来诊断比较安全喔！

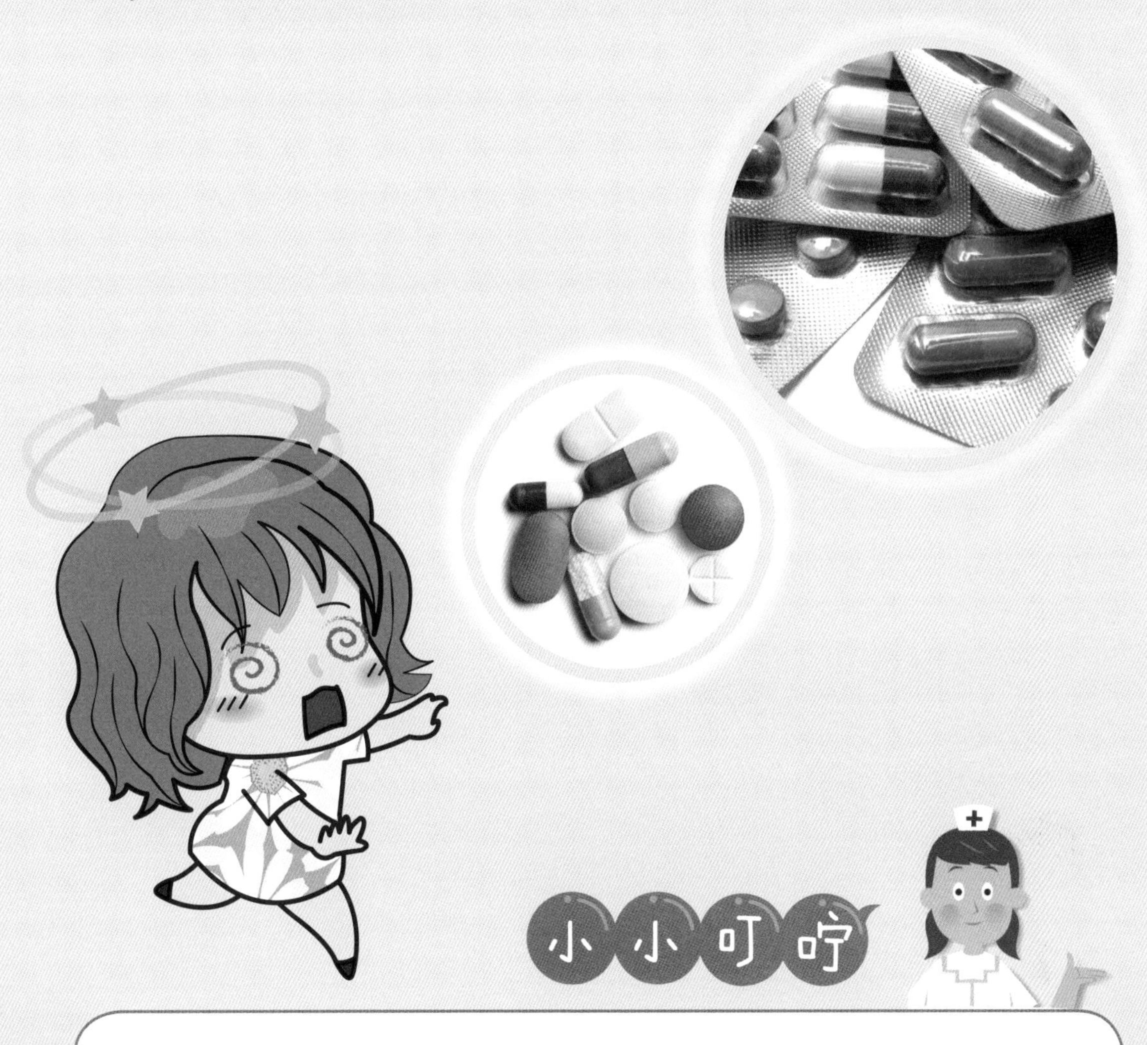

小小叮咛

除了药店以外，电视广告、大卖场或药妆店也会卖一些非处方药。只要是药物，最好在医生或药剂师的指示下服用比较安全。

什么是麻醉剂呢?

学习重点 认识药物及其对身体的影响，并能正确使用。

真是奇怪，手指一不小心被刀片划伤就很痛了，怎么在动手术时把肚子切开，病人却一点也不觉得痛？原来，这全都要感谢麻醉剂的发明与使用呢！

人体会透过神经传送“感觉”讯息给大脑，所以我们能感受到各种味道、触感或气味等。比方说当手指被刀片划伤的时候，神经就会传送“痛”的讯息给大脑，当大脑接收到之后人才会感到痛。麻醉剂的作用就是让

传说中国的神医华佗，某天看见一只重伤的鹿在吃了某种草后，就安详地睡着了，于是便发现了麻醉剂的存在。

神经暂时“睡着”，并停止传送讯息的功能，所以动手术时才不会有任何感觉。

但是麻醉剂的效果只是暂时的，等药效退掉后，神经会“清醒”过来，身体也就会感觉到手术后的疼痛了！

麻醉剂是只有专业医生才可以使用的药品，平常在药店是买不到的；如果手术过后有什么疼痛，一定要跟医生说，这样才可以预防后遗症的发生。

割伤时该怎么办？

学习重点　思考并演练处理危险和紧急情况的方法。

小岚在帮老师整理讲义时，不小心被纸张的边缘割伤了，虽然伤口很小却很痛，而且血还不停冒出来。小岚只好放下手边的工作，到保健室处理伤口。

其实只要身旁有急救箱，我们也可以自己处理轻微的割伤。首先要用干净的纱布轻压伤口以止血。通常1～2分钟后，就不会再流血，接着用清水清洗伤口，可以在周围涂抹双氧水或碘酒用来消毒。最后只要保持伤

因为双氧水和碘酒都有刺激性，所以不适合直接抹在伤口上。

口干燥，3～4天后就能愈合。如果伤口面积比较大，也可以用无菌纱布包扎，但要记得勤换药与纱布，以防止细菌感染喔！

小小叮咛

只要伤口不干净，即使是轻微的割伤，也有可能会导致破伤风，所以伤口的清洗与消毒是十分重要的！

生病时为什么不能打预防针？

学习重点 认识药物及其对身体的影响，并能正确使用。

大家常说打预防针可以预防生病，但是为什么生病的时候反而不能打预防针？打预防针不就是为了对抗疾病吗？

其实预防针不是一种治病的药品，而是用微生物、细菌、病毒、肿瘤细胞等制成的。为什么要把病毒放进身体里呢？原来是因为人体在生病时，白细胞

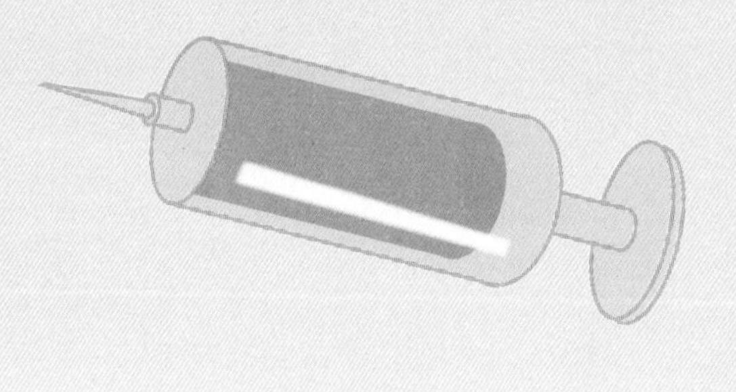

历史上第一剂疫苗是由科学家爱德华·金纳所发明的，他发明的牛痘疫苗是用来预防天花的，爱德华也因此被称为是免疫学之父。

会跑出来抵抗病毒。白细胞有记忆性，它会记住病毒的弱点，当它再次碰到相同的病毒时，就会知道怎么样才能打败它们，所以第二次“作战”不需太久的时间便可以击退病毒。

而打预防针的目的，就是要让白细胞先习惯放进身体里的疫苗，以便之后能轻易地抵抗疾病。因此，预防针只有在生病前施打才会有效。

疫苗是用打针的方式让病毒进入身体里，打针对大部分的小朋友来说是一件很可怕的事，但是不能因为害怕打针就不去接种疫苗，否则会变得容易生病喔！

在公共场所走丢了怎么办?

学习重点　思考并演练处理危险和紧急情况的方法。

小岚和爸爸、妈妈一起去游乐园，走着走着却在路边看到一个哭得好伤心的小女孩。爸爸上前问她怎么了，才知道她是和家人走散了，于是他们陪着她到服务台，请工作人员用广播的方式寻找小妹妹的家人。

小朋友们，如果你和家人走散了，一定要冷静下来，不要慌张乱跑，最好先待在原地等待家人回来找

科技日新月异，现在已经有“防走失警报器”，其原理是把讯号发射器戴在小朋友身上，如果与大人相隔太远时警报器就会作响。

你。如果等了好一阵子都等不到人，就要主动向服务人员或是路旁的商家寻求帮助。当然，也可以用手机或是公共电话联络家人，和他们约在显眼的地标会合。

小小叮咛

太过密集的人群也是有危险性的。近年来，许多人潮汹涌的公共场所都发生过跌倒踩踏，导致受伤的事件，所以小朋友还是少去人多的地方比较好。

为什么乘车要系安全带？

学习重点 说明并演练促进个人及他人安全生活的方法。

法律规定，机动车行驶时，驾驶人、乘坐人员应当按规定使用安全带，违反者将受到相应的处罚。为了自己的安全，搭车时要记得系安全带喔！

爸爸开车也要小心啊！

汽车里的“V型三点式安全带”是由瑞典工程师尼尔斯·博林发明的。这种安全带会根据车子倾斜的角度以及车子碰撞时的速度来锁住安全带。

学习重点　认识药物及其对身体的影响，并能正确使用。

中世纪欧洲流行的“黑死病”，经由蚊子传染的“疟疾”，还有细菌造成的“梅毒”，在当时都是无法医治的绝症，一直到抗生素出现后才有了转机。现代人感冒时吃的药，生病时打的针，很多也都含有抗生素的成分。到底抗生素是什么呢？

抗生素最早发现是由微生物制造分泌出来的，科学

我们身体里有很多有益的细菌，例如：双歧杆菌、乳酸菌，而抗生素既然能够杀死细菌，表示它对我们体内的有益菌，甚至是细胞也会有影响，所以要小心使用药物。

家观察“青霉菌”时，发现细菌无法在其四周生长，因而推测出青霉菌可能含有杀菌的物质，于是它就被广泛地使用在医疗当中。可是抗生素并不是万能的，所以小朋友生病时还是遵守医生的指示，不要自己到药店乱买药喔！

家中的大人有时会吃必理通来治头痛，很多人第一次吃半颗，第二次吃一颗，越吃越多颗，这就代表身体已经产生耐药性了，记得要提醒大人赶快去看医生比较好！

学习重点 思考并演练处理危险和紧急情况的方法。

小知识

晕车不是疾病，而是一种生理反应，可以经由训练来克服。飞行员执行任务时，绝对不能晕机，因此他们平常就会使用各种晃动器材来让感受器适应。

什么是药物过敏？

学习重点 认识药物及其对身体的影响，并能正确使用。

小朋友，你是否曾经感到好奇，为什么医生在看病时都会问：“有没有对什么药物过敏？”其实，这是件相当重要的事，因为如果对药物过敏的话，药的成分对身体来说反而是外来敌人的攻击！当过敏发作时，身体就会出现皮肤发痒、起红疹、眼皮与嘴唇肿起来等症状，严重的话会感到呼吸困难、心跳加快，甚至休克。所以看病时一定要诚实回答医生的问题，

患有严重药物过敏症，例如：史蒂芬斯—强森症候群的人，过敏时皮肤不仅会出红疹、起水泡，甚至可能溃烂。

回家服药后也要留意身体对药物的反应。如果有疑似过敏的症状产生，就应该先停止服药，并在回诊时告诉医生喔！

任何药物都有可能引起过敏反应，和剂量多寡或使用方式没有直接关系，如果有过敏反应发生时，应赶快去医院诊断治疗。

学习单

我是潜海英雄?

姓名：________________

大海虽然美丽，但也暗藏危机，如果想要尽情享受海洋风情，就必须先了解安全守则。请仔细阅读下列问题，并在框框内回答○或×。（不可以先偷看答案喔！）

（　）1. 选择有救生人员巡逻的海域。
（　）2. 因为我很会游泳，所以下水前不热身也没关系。
（　）3. 可以游到很远的地方去探险。
（　）4. 需有大人的陪同才能到海中戏水。
（　）5. 当风浪开始变大时，就立刻上岸，也不在岸边逗留。
（　）6. 在海中受伤流血，也可以继续戏水。
（　）7. 不与他人在水中拉扯与推挤。
（　）8. 不幸被浪卷到远处，就要依靠自己的力量游回来。
（　）9. 海面远方传来巨大声响，可能代表海啸要来了。
（　）10. 当海水浴场关闭后，还是可以留在那里玩耍。
（　）11. 如果发现自己体力不支，就要举手大喊救命。
（　）12. 过度饥饿或吃饱饭都不应该下水。
（　）13. 发现有人溺水，可以自己先跑去救他。
（　）14. 可以在港区跟码头附近游泳。
（　）15. 游泳时应穿泳衣、泳裤，不可以穿着牛仔裤下水。

全部答对：哇！你对海边戏水的规则好了解，很厉害呢！
答对10～14题：表现得真不错，再加把劲就能成为安全高手了。
答对10题以下：没关系，把正确的规则记好，才是最重要的唷！

我学到了什么：________________

学习单

马路大闯关

姓名：________________

俗话说“马路如虎口”，路上总是有电动车、汽车或摩托车等交通工具奔驰着，一不注意可能就会发生危险。为了让大家都快乐出门、平安回家，才会有各式各样的交通号志。小朋友，想想看下列标示代表的是什么意思呢？

1

2

3

4

5

6

7

8

9

10

让

我学到了什么：________________

学习单

我是潜海英雄？解答

大海虽然美丽，但也暗藏危机，如果想要尽情享受海洋风情，就必须先了解安全守则。请仔细阅读下列问题，并在框框内回答○或×。

(○) 1. 选择有救生人员巡逻的海域。
(×) 2. 因为我很会游泳，所以下水前不热身也没关系。
(×) 3. 可以游到很远的地方去探险。
(○) 4. 需有大人的陪同才能到海中戏水。
(○) 5. 当风浪开始变大时，就立刻上岸，也不在岸边逗留。
(×) 6. 在海中受伤流血，也可以继续戏水。
(○) 7. 不与他人在水中拉扯与推挤。
(×) 8. 不幸被浪卷到远处，就要依靠自己的力量游回来。
(○) 9. 海面远方传来巨大声响，可能代表海啸要来了。
(×) 10. 当海水浴场关闭后，还是可以留在那里玩耍。
(○) 11. 如果发现自己体力不支，就要举手大喊救命。
(○) 12. 过度饥饿或吃饱饭都不应该下水。
(×) 13. 发现有人溺水，可以自己先跑去救他。
(×) 14. 可以在港区跟码头附近游泳。
(○) 15. 游泳时应穿泳衣、泳裤，不可以穿着牛仔裤下水。

全部答对：哇！你对海边戏水的规则好了解，很厉害呢！
答对10～14题：表现得真不错，再加把劲就能成为安全高手了。
答对10题以下：没关系，把正确的规则记好，才是最重要的唷！

学习单

马路大闯关 解答

俗话说“马路如虎口”，路上总是有电动车、汽车或摩托车等交通工具奔驰着，一不注意可能就会发生危险。为了让大家都快乐出门、平安回家，才会有各式各样的交通号志。小朋友，想想看下列标示代表的是什么意思呢？

编号	答案	编号	答案
1	小心易滑	6	慢行
2	注意儿童	7	路面不平
3	注意右方落石	8	禁止驶入
4	禁止非机动车通行	9	注意安全
5	步行	10	减速让行